不用收拾就整齐

越住越舒适的家居设计秘诀

Comfortable Home

（日）水越美枝子 著

她不仅是一级建筑师
还是有丰富生活经验的家庭主妇和厨房专家

范宏涛 译

 化学工业出版社
·北京·

舒适的家最美丽

大概几年以前，我便开始举办旨在让住户实际了解我所设计家居的讲座。一方面，我向他们开放已经设计好了的房子，供他们自由欣赏，并告诉他们我的设计理念；另一方面，我也倾听他们的设计诉求以及实际居住后的感想和需要完善之处。

截至目前，参与讲座的总计已逾1200人。讲座活动也颇有人气，通知刚一发出，报名者便会迅速爆满。我真实地发现在报名参与者之中，既有从九州远道而来的想为自己日后的家居设计做些参考的夫妇，也有绞尽脑汁想把当下并不舒适的居住环境加以改善的心急者，还有计划盖房子的人、尚未计划盖房但热爱家居生活的人等，不胜枚举。我认为，通过让他们理解家居的构筑设计，才可以使他们重新审视自己的家居环境，从而获益匪浅。

我希望自己的讲座内容可以惠及到更多的人。也正是带着这样的期望，我开始了本书的撰写。

其实，家居设计并没有统一的标准，每个人心中都应该有着不同的理想模型。不过，如果你想打造的是"舒适家居"，那么就应当寻求关于舒适的正确答案。只要掌握基本的家居设计理念并应用于实践，成就自己的舒适家居也就绝非难事了。

大概十年前，因为一位计划建房者的迫切要求，我急匆匆地到访了另一家自己过去设计的住宅。"此次来到贵处，不知可否再看看您家房子"，我说。对于我的愿望，主人爽快地答道："虽然我妻子凑巧出去了，但还是请您一定到家里坐坐"。当时，我一边想着会因为自己的突然造访导致他们家没有及时收拾而感到歉意，一边走进屋里。然而意外的是，他们的家中却是一片整洁美丽，家中的生活用品和室内装饰都排列有序。对于这样特殊的场景，我如今依旧还记得自己当时惊讶的样子。主人告诉我说："真是托您的福，就连我妻子都高兴地说如果家里有客突然到访也不用担心什么了。"

只要条件具备，谁都希望使自己的家保持整洁美丽，这一点我深有感触。从那时开始，思考如何设计出整洁美丽的家便成了我住宅设计的一大课题。此外，我还分别从一名家庭主妇、一个妻子、一位母亲以及一个生活者的多角度出发，下大力气苦思冥想。后来柳暗花明，我得到的答案十分简单——舒适的家最美。因为舒适的家居无需太费力气就能够保持整洁美丽。

本书就是基于上述理念，将我关于舒适家居的日积月累的思考呈现在大家面前。

生活在这样的舒适之家中，不仅有宽裕的时间、更可以使未来的生活充满活力，使人生真正地充实起来，而不是对居住环境逆来顺受、无动于衷。所以，请大家面对家居生活这个主题时更好地为自己、为家人考虑。即便要花去一点时间，也希望每个人最终都能够拥有美丽舒适、更加适合自己的家居。

如果本书能对大家有所帮助，我将不胜欣喜。

水越美枝子

Contents 目录

第1章

造就舒适家居的
四大理念

为什么住在自己家里却没有舒心的感觉？

你是否认真考虑过家里为何混乱不堪？

在分析这些问题的具体原因之前，让我们先了解一下打造舒适家居生活的基本思路。

理念

家居中蕴含着
丰富人生的魔力

工作室成立至今，我已经接手了大量的家居设计工作，而我所有的家居设计目标就是要彰显"人在家居生活中的主体性"，并且从和住户一起思考"想要过什么样的生活"开始。

如今，家居带来的改变不仅使我感受到了业已成为家居生活主角的住户们在家中度过的幸福时光，看到了他们超越从前、活力四射的生活态度，也使我切实地体味到家居中蕴涵着的丰富人生的魔力。

很多人进入40岁以后就开始纠结家居的问题。因为这时候，孩子已经长大，家中的物件在不断增加，所以每天的家庭琐事就会成为自己的负担。随之而来的是对于家居设计的偏好也会发生变化。他们中间甚至也有人会开始考虑和父母一起居住。

"每天都在想着要收拾家，真是压力山大"，"家里是这种样子，让儿媳进门都不好意思"……如此种种，埋怨声不绝于耳。

家居之所以容易带来生活烦恼和杂乱无章，其主要原因在于家中的复杂动线。我注意到，很多住户已经开始重新审视自家的动线，并以此为契机进行房屋改建或翻新，这都是因为以前的家居动线存在问题。

如果能消除居住烦恼，构建一劳永逸的舒适家居，那么人们的生活将会发生巨大的改变。"以前是通过旅行放松，而今在家便可以很愉快"，"就连邀请别人到家里吃饭的次数也增加了"……诸如此类。我意识到，不少人都觉得自己因为家变得舒适而意气风发、比以前更加充满朝气。

也许有人会想："现在既要照顾孩子，又要忙于工作，家居的事情实在是无暇顾及"，但从事家居设计工作的人会告诉你："舒适的家居才是上上之举"。这样的对话我也多有耳闻。

由于每天都匆匆忙忙，人们往往希望拥有高效、舒适的家居生活。也正因为外面的生活并非一帆风顺，所以才对拥有这样的家居抱有特别的期待。真正舒适的家居不仅能够使人切身感受到"这儿不愧是自己家"，更能够为明天的继续努力注入活力。

为了让漫长的人生能过得充实，请大家尝试开启"自己就是家居设计主角"的行动吧。

理念 2

功能性和
精神性兼备
才能成就舒适家居

对于"舒适家居"这一说法不知大家有何感想？也许多数人都会给出"既称心、又宜居""整齐有序，让人心情愉悦""氛围良好，使人心情舒缓"等诸如此类的答案。不过，"称心"和"整齐有序"属于房屋的功能性范畴，而"氛围良好，使人心情舒缓"则属于其精神性领域。所以，舒适家居应当具有功能性和精神性两种要素。

家居不能仅靠完美的功能，有时即使具备了便利条件也会让居住者失去良好的心情。所以，出于让自己住得舒心的考虑，室内装饰有必要成为基础环节之一来巧妙地连接动线和收纳体系。

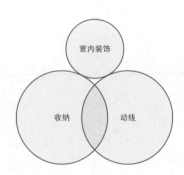

也就是说，功能性和精神性两者缺少任意一个都无法良好地满足家居需求。然而，在建造房屋时，功能性和精神性二者无法兼得却是经常会碰到的问题。

"虽说多少有些空间限制，但只能优先考虑外观布局"、"希望能有更大的收纳空间，所以房间只能小一些"……诸如此类最终导致房屋住起来不舒服或者杂乱无章无法招待客人等问题。

为什么居住舒适且外观优雅的房屋如此难得呢？

究其原因，我认为第一点就是对住宅的设计没有及时切合近数十年来急速发展的东西方折衷的生活需要。

比如，个人空间、家庭的共用空间与来客所使用的空间一旦重合，就会给日常生活带来不便。再比如，能收纳大量物品的空间不足。甚至是房间本身布局差，即家中的复杂动线多数情况下都在日常生活中被胡乱规划。

由此可见，若要构建能够缓解压力的舒适家居生活，就应该认真考虑动线、收纳空间以及房间布局之间的合理关系。

理念 *3*

舒适家居的关键

动线和收纳
完美结合

为了了解住户的生活实际和他们对家居设计的设想，在进行家居设计时，设计者需要花些时间去关注、倾听。而其中最需要关注的家居烦恼便是收纳问题。

"整理来整理去还是一片凌乱"，"家里物件太多，连放的地方都没有"……很多人都会这样说。

那么，无法收拾也好，凌乱不堪也好，其原因到底在哪里呢？

大多数人都会将原因归咎于自己的家务能力或性格使然。然而我看过很多家居的实际情况，从我的经验来看，收拾不妥的原因更多的还是房间布局和收纳存在问题。

也许还有人因为听到"收拾不好难道不是你自己的责任"的诘难后而眼泪汪汪吧？

而我的建议总是鼓励性的，"东西不扔也无妨，还是筹建不用收拾也整齐如初的家吧"。

要做到这一点，设计之前就要把握好住户家中的物件数量，然后规划好新房中所有的收纳空间。这样一来，房屋各个地方所必要的收纳空间在设计时就能得到妥当安排。

这里面关键之处就在于要在动线上的最佳位置设计收纳空间，因为单单随意增加收纳空间也无济于事。只有动线和收纳并举才会井然有序。

此外，还有一个建议是"高密度收纳"。充分利用从地面到天花板之间的高度空间，增加搁板架的数量，即在有限的空间内增加收纳的一种设计技巧。

也有人认为，比起增加收纳空间，还是减少物件购买为好。正是因为这样的人大量存在，所以家居中物品的收纳问题总是得不到解决。而我极力倡导无需舍弃物品的房间整理法，如果使用高密度收纳方式，那么即便是狭小的家庭空间也能变出巨大的容纳量。

做好了这些工作，即使不刻意地收拾整理，房屋内的东西也会自然整齐，毫无散乱之感。在我服务过的住户中，新房也好、改建房也好，我随机到访过的家都没有出现过物品堆积的情况，原因就是他们充分利用了高效且完备的收纳空间，即便是突然到访的客人也能从容应对。

理念 *4*

利用视线
改变家居的
整体印象

一提到家居设计，肯定会有人认为"看起来很特别"非常重要。有人会说，"看到家居设计书上的图片觉得非常漂亮，但用到自己家却不合时宜"。正因如此，觉得家居设计"是件难事"的人也不在少数。然而事实并不是这样。人们之所以对室内设计没有自信，也许是因为对自己喜欢的家居设计风格并不了解。

想要自己的家拥有良好的空间感，就要在平时多观察一些家居设计作品并尽量实际体验一下。如果能够像这样不断积累，自己大脑中就会逐渐浮现出家居设计的思路，因而也就有了良好的设计感悟。

从这个意义上说，我觉得家居设计就好比是语言学，这与平时尽量将自己置身于外语环境中不断去听，有一天就会突然顿悟或者突然能够用外语表达是一个道理。

审美意识源于日积月累。培养自己的审美感觉，关键就是要多多观察优美的房间布局，常常思考。

打造有特色的家居设计固然需要一系列的计划和准备工作。但同时，凸显家居设计效果的技巧也不可或缺。

　　这就需要"Focal·Point"式思考方式。

　　"Focal·Point"的本意是指"焦点"，但在建筑或室内设计领域则用于表现进入某一空间时，视线最初集中的地方。比如说，进门前要打开大门或者客厅的门时，目光最初聚焦的地方。我建议读者朋友们，要让自家的空间给人留下第一好印象，就必须有意识地对焦点加以完善。

　　如果在自家都能有意识地用焦点的方式观察生活，对外出时所见到的自然和美妙空间也会更加敏感，除了怡情悦性外，不妨再驻足思考一下为什么这些地方看起来如此漂亮且令人舒适。只要这种方法成为习惯，你的设计感觉也会升上一个新台阶。

STORA
SPACE
NEATN

第2章

不用收拾
家中就能井然有序

想拥有整洁、舒适的家居环境，关键问题就在于收纳。

当出现"收拾来收拾去依旧散乱不堪"的苦恼时，往往是房间布局或收纳方法存在问题。

如果能掌握一些法则和技巧，并处理好家里的物品数量和收纳空间之间的关系，家居环境自然会焕然如新。

1. 收纳可以扩大家居面积

直达屋顶的食品储藏架可以提供充足的收纳容量，而储藏架内的隔板高度则可以根据物品大小来加以调整。(坂本家)

收纳做得好，家居大变样

很多人都觉得保持家居干净整洁必然有赖于日常整理，也有许多人习惯认为家里凌乱是因为自己不善于收拾，从而将责任归于自己的家务能力和性格原因。

实际上，从我个人的经验来看，物品收纳没有做好，主要还是房子的室内布局和收纳方法存在问题。新建房也好，改建房也好，只要在最开始的时候严格按照动线设计收纳空间，"不用收拾也可住得舒心"这一目标是可以实现的。

我所设计过的房子，任何时候来客人都会显得整洁有序。对于"能否到您家看看"这样唐突的要求，新房住户们都会欣然应允。想做到这一点，设计一开始就必须将"杜绝凌乱的收纳体系"建立起来，从而使干净、整洁的状态得以保持。

物品不减、空间反增的收纳魔力

"房子里的物件多不得，多了就必须得丢弃"，有这种压力的人似乎也不在少数。

当然，如果是一些不必要的物件，就面临如何审慎处理的问题。但是，减少物品数量以求符合空间容量的做法并非完全正确。大家不妨在提升收纳量的空间上下点功夫，考虑一下如何适量增加空间的问题。

收纳空间不足的房子比比皆是，但是收纳空间无端浪费的情形却依然很常见。要在有限的空间内增加收纳量，首先就要增加搁板。如果搁板之间还有空间，那么就可以考虑将原来的搁板由3层增至6层，这样一来，物品容纳量（空间使用率）就会翻一番。

综上所述，通过提升收纳密度就可以使狭小的家居空间得以扩展。

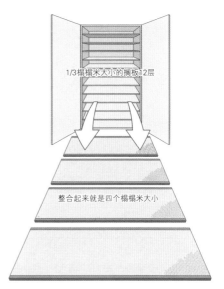

1/3榻榻米大小的搁板12层

整合起来就是四个榻榻米大小

制作180厘米（宽）×30厘米（深）的收纳空间时，如果地板到房顶的高度有240厘米的话，那么20毫米高的搁板就可以放置12层。也就是说，这样就可以设计出约4个榻榻米大小的收纳空间。如果在家里设置3个这样的地方，那么收纳空间就可以达到12个榻榻米（约19.5平方米）大小。

预设好动线和收纳搭配，收拾起来就会轻而易举

收纳的第一原则就是选择正确位置。这指的是一样物品的所用位置附近是否已经安排好了物品的归置之处。这个问题需要彻底弄清。减少无用功，在家务和房间整理上的时效就会提升。所以，即使不用收拾，家中也会井然有序。

比如说，如果将睡衣或衬衣收纳到浴室，那么洗澡时就不用东找西找而直奔目的地，这样就不会导致动线的失效。将必要的物品放置在生活中的适当位置这一原则即物品的定位，这种原则和不用收拾便可安享舒适家居的设计思路有紧密联系。

"正确收纳"对照单

请大家将自查结果（a~e）填入"诊断"栏中，并思考这些物品应该放在哪里为好。

a. 经常置之不管 b. 经常询问家人的意见（应该放在哪里）c. 感觉物品放置位置太远 d. 感觉拿出去麻烦 e. 忘记物品放在哪里

	物品	诊断	正确位置		物品	诊断	正确位置
1	帽子和手套			26	电脑及电脑周边机器		
2	家人用的外套			27	电话、亲子传真		
3	客人用的外套			28	筷子、餐具		
4	手帕、纸巾			29	小碟子		
5	外出要带的擦汗毛巾			30	汤汁碗、咖啡杯		
6	口罩或暖宝宝			31	桌布、餐具垫		
7	纸袋			32	含水垃圾放置处		
8	旧报纸、旧杂志			33	瓶子、罐子、塑料瓶放置处		
9	行李包装带、剪刀、绳子			34	塑料垃圾放置处		
10	家用食品、日用品			35	存储食品		
11	家人病例单			36	不常用的调料用具		
12	医院发票			37	客人用的毛巾		
13	指甲刀、挖耳勺、体温计			38	花瓶		
14	蜡烛、火柴			39	睡衣		
15	家庭主妇用的文具、笔记本			40	衬衣		
16	信纸、信封、明信片、邮票			41	储备毛巾		
17	家用电器说明书、保修卡			42	储备洗衣液		
18	家庭用书			43	卫生纸盒、备用卫生纸		
19	孩子用书			44	除尘器		
20	工具			45	非应季寝具		
21	缝纫箱			46	应季用的暖气机和电风扇		
22	药箱			47	备用灯泡		
23	纪念册			48	备用电池、废旧电池		
24	熨斗、熨台			49	体育用品		
25	收音机、相机			50	CD或DVD		

上表"诊断"栏中对应填入a、b、e三种结果的物品，一般是由于没有固定存放的地方所导致的问题。想要不再出现将物品放置不管或忘记物品放在哪里之类的问题，就需要确定一个存放的地方，而一旦存放处确定下来，就必须贯彻落实"在哪儿取就在哪儿放"的习惯。

另外，对应填入c、d两种结果的物品，主要原因就是相关位置附近不具备收纳功能。这时候就要尝试着缩短动线，并重新审视收纳位置。

如何让家人更易配合

收拾房子并不是自己一个人的责任。没有家人的配合帮助，想要住上舒适家居只能是镜花水月。通过上面的对照单就可以让家人清楚哪些东西是"容易乱放的物品"，哪些地方放的是"共用物品"，这样，全家人都清楚什么东西应该放在什么地方，房子收拾起来就容易得到他们的帮助。

此外，"仅供自己使用的物品"就要放在自己的筐子里。这样的责任式管理方法，我觉得在洗手间等地方最为适用。比如收纳筐，家里都得人手一个。护发用品和化妆品之类的小物件都准备一个小篮子，用完后就收拾起来。用时拿出来，用完后收好。

通过这样的努力，记不清放在哪里的物品必然会越来越少。

培养尺度感，收纳成高手

对住所和室内进行装饰的第一步，就是要在外出时随身携带1~2米长的卷尺。

这种卷尺可以测量众多物品，不但对考虑住宅翻新的人有用，对想换家具和想增加一点收纳空间的人也是作用良多。

知道了毛巾折叠后的宽度，就等于知道了洗手间内收纳搁板的必要深度；知道了西服的肩宽，也就相当于知道了壁橱的深度。另外，普通玻璃杯的高度大概是9厘米，这样，玻璃杯搁板架的实际高度比自己原先估计的低一些也无妨。

用肉眼观测后预估的尺寸和实际测量后得到的尺寸相比，你就会明白自己视觉观察的尺度是否标准。久而久之，自己的尺度感就会成为改良家居的强大武器。

2. 让厨房变成自己的驾驶舱

开放式厨房中，大容量的收纳不可或缺。这张照片中间的门两侧有储物柜和冰箱，案台抽屉可以收纳食品。（高桥家）

所需物品伸手可得
才能享受炒菜做饭的乐趣

　　如果有人问我，使用起来非常便捷的厨房是怎么样的，我会回答说，就像飞机驾驶舱那样。意思是这种厨房应该像飞机的驾驶舱那样控制功能一应俱全，只需伸手、转身之类的简单动作足矣。

　　比如，从料理区到电炉灶、从水槽到冰箱以及从水槽到垃圾箱之间的距离需要控制在两步之内。这样的厨房设计就可以使炒菜做饭很轻松，做完饭后收拾起来也会十分方便。

　　当然，厨房设计因主人的爱好而定。开放式厨房的设计现在逐渐多起来。这种厨房的好处在于可以使厨房里的人不孤单，实现和家人的轻松交流。这时候，如果在厨房的背后位置设置摆放家电的柜台，并且利用柜台上下收纳餐具或食材，就能轻易实现驾驶舱的功能。

1

2

1.　如果将调料收纳在炉灶旁边，炒菜时就不需要走开很远，简单快捷。（高桥家）
2.　因为在水槽或炉灶下面安装了开放式搁板，锅、盘之类的物品便伸手可得。（莊家）

1

2

1. 将杯类放在咖啡机下面，删除了煮咖啡时的动线。将咖啡溢出时的擦拭品也一并收入。（高桥家）
2. 如果水槽下设置拉门柜，那么大盘、笋和锅等物品就可放置其中。可以设计一个专用的低矮搁架，将锅盖放置其上，这样就避免了锅盖不知道哪好的尴尬。将根茎类菜放入收纳篮中时要确保通风透气。（高桥家）

正确的收纳规则是
把物品收纳在要使用它的地方

　　动线对厨房很重要。做饭时，为了尽可能减少移步范围，将做饭用具和调料就近收纳，同时使用的物品尽可能地摆放在一起，这一点十分关键。

　　比如，杯类应该放在咖啡机旁边，大盘和锅应放在水槽下面，而煎锅、汤勺和调料则应放在灶台附近。

　　在一个地方完成所有工序，这样的设置既可以在短期内将饭菜准备妥当，也可以减少无用功。

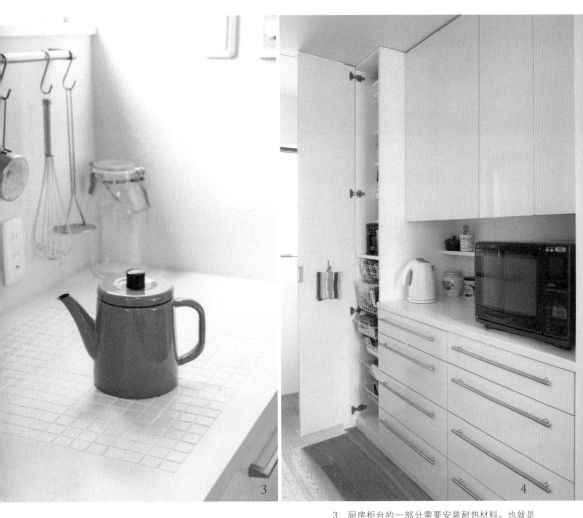

3

4

3．厨房柜台的一部分需要安装耐热材料。也就是说，这种材料要确保在不使用锅垫的情况下也可以放置热水壶或热锅之类。（高桥家）
4．要确保厨房的柜台抽屉能够容纳充足的餐具，柜台里面需要设置网格状的餐具篮。（沼尻家）

电饭煲、烤面包机只要预留适当的抽拉式收纳格即可，这样使用起来也会非常便利。（片山家）

所有功能都紧密排列的厨房

　　厨房锅灶一侧和锅灶对面的餐具收纳空间之间的距离，一般要比自己预测的狭窄一点。因为这样一来，使用电炉灶也好，清洗餐具也好，基本都不需要挪步。如果经常是一个人在厨房做饭，那么锅灶和锅灶对面的收纳空间之间的最佳距离为75~80厘米，只要保证第二个人勉强通过即可。但如果厨房经常是两个人做饭的话，那么这个距离应当设置在85厘米左右。

　　为了用最简单的行动拿到想要的物品，经常使用的物品就需要放在视野范围内。一起使用的物品一定要放在同一地方。

　　接下来，我就从自己一边工作，一边做家务并照顾孩子的经验出发，向大家介绍一下在短时间内便可完成饭菜制作的高性能厨房。

1. 收纳柜的把手呈棍状，上面也可以放置挂衣钩。

2. 料理台的墙壁采用磁石材料，可以用来悬挂金属容器。在金属容器中放些辣椒或香草，也可用来装饰。

3. 与客厅相邻的独立式厨房。因为这种厨房外面通常不放置物品而显得利落，烹饪的效率也更高。

4. 厨房中较占空间的电烤箱，可以采取悬吊式安放。因为刚好正对视线，所以电烤箱中的食物状态可以一目了然。这样使用起来也十分方便。

5. 放置调料瓶的搁架最好安放在炉灶旁边，做饭的时候一只手就可以十分方便地取出调料。

6. 因为水槽旁边安有控水架，所以不再需要控水筐。

7. 从洗碗机中取出餐具放到收纳柜里的时候，一转身就可以放进去。这就实现了和飞机驾驶舱一样紧凑的功能。
（水越家）

3. 根据用餐活动定制收纳方案

为了消除视觉上的压迫感，收纳柜分成吊柜和餐边柜两部分。带有收藏价值的餐具放在吊柜中，成为"展示型收纳"。一般日用的餐具放在下面的柜子里。（沼尻家）

餐具和调料收纳在餐桌旁

大概很多人都会将餐具放在餐具架上，但我觉得将其收纳在餐桌旁边使用起来似乎更加方便。比如小碟子、筷子、刀叉类、汤碗以及餐具垫等。

将这些东西收纳在餐桌座位旁，家人也方便搭手帮忙。吃饭时如果有人说"还需要一个碟子"，那就不再需要往返厨房之间了。

烹饪家电和调料用具也最好收纳在餐桌旁边。比如说，在留有空间的情况下，烤面包使用的烤面包机和桌炉等用具放在餐桌旁边，这样使用起来将非常便利。

餐边柜抽屉中可以放入小碟子、刀叉、筷子、客用茶杯和咖啡杯、饮酒时的酒杯。（水越家）

1．因为开放式电烤箱放在餐桌旁边，所以烤面包的时候可以随即使用，不用的时候只要关上收纳门即可。（沼尻家）
2．封闭式收纳厨房的柜子下面也可以用来放置物品。平时用的小碟子、汤碗及一些小茶壶就可以放在这里。（小川家）

餐桌不只用来吃饭

　　餐桌可谓是家人聚在一起时间最长的地方了。除了吃饭之外，餐桌还可以饮茶、待客、看书、用电脑和供孩子学习。

　　我们有必要思考一下这些活动所需要的物品是否可以收纳在餐桌旁。其实不仅仅是餐具和刀具之类，文具、词典、书本以及药品等也可以分类放入，十分方便。为此，餐桌旁就有必要常设橱柜。

　　如果橱柜设在位于视线以下的位置，一般观察屋内时就不会明显注意到。这样的收纳也不会使房间显得狭小。

在餐桌上使用电脑的家庭主妇很多，如果在餐边柜上设置一个可以放电脑的区域，每次使用之前就不需要专门整理了。（福地家）

1

3

1. 如果餐桌上一干二净，心情也会舒畅无比。因此，餐桌附近就应该设有充足的收纳空间。（北原家）

2. 餐桌抽屉可以放随手会用的文具。使用分隔浅盘将相关文具分开，取用时也会很方便。（水越家）

3. 小孩子要用餐桌做作业的家中，就可以设置专门放书包和教科书的空间，为其提供便利。（高桥家）

4. 供家人休息的客厅
要整洁舒畅

一旦利用好低柜收纳，客厅中那些容易堆积的日用品就会有效归拢，同时柜台上还能摆放装饰品。（福地家）

1

收纳区应该设在空间较小且不引人注目的地方

客厅是家人和来客放松身心的地方。坐在客厅里，如果看到一堆乱糟糟的东西，必然会让人心生不快。

所以，我建议大家在客厅应该采取低柜收纳法，确保在坐下时也不会看到一团糟。这样收纳既没有视觉上的紧迫感，柜子上还可以摆放些装饰品。再放置一些可供观赏的、有装饰性的古香古色的家具为宜。

此时，映入眼帘的就仅仅是宜人的室内装饰、勃勃生机的绿色以及窗外的美景了。拥有这样的客厅，家将更有吸引力。

2

1. 客厅中以放置低柜为宜，尽量不要出现其他家具。这样可以避免杂物映入眼帘，也起到了衬托装饰品的作用。
2. 低柜除了可以存放抱枕套、沙发套等编织物品外，还可以收纳即将换季更新的杂物。（水越家）

必须放在客厅的物品
收纳一定要自然协调

　　客厅中的常用物品收纳在客厅比较方便。为了尽可能让靠垫套等编织物品和CD、DVD之类的东西不那么显眼，就有必要在其摆放处设置收纳空间。理想的收纳并非是停留在家具层面，还可以在墙壁中开辟空间实现收纳，并在不使用的时候抹杀其存在感。

1

2

1. 照片右侧是利用楼梯下的不规则空间而做成的爱犬小屋。没有必要在客厅其他地方另辟空间，这个小屋的大小足够宠物使用。（坂本家）
2. 当有客人来到时，将爱犬关到小屋中即可。（坂本家）

3. 这是设在沙发背后的收纳空间，在这里放置沙发套或靠垫套最为方便。
一般情况下，盖上盖子便可不被觉察。（沼尻家）
4. 不希望出现在视野中的打印机，可以借助滑动隔板加以收纳。（中冈家）
5. 对于容易出现凌乱感的CD类，可以收入墙壁中的滑动板柜。（沼尻家）

5. 根据生活习惯决定壁橱配置

这是为经常身着和服的女士们设计的壁橱。这个壁橱并非在卧室而是位于明亮的客厅一隅，而且左手侧还配有试衣镜。和服腰带通常放在抽拉式搁板上为好，不过经常使用的腰带最好挂在搭衣杆上。（中冈家）

夫妻二人并行不悖的衣柜

壁橱一般分为步入式和墙面式两种。步入式的优点在于里面所挂的衣服可以一览无余，而墙壁式壁橱不需要踏入空间，所以空间小也可以实现。

夫妻二人的衣服收纳应由各自的生活节奏决定。如果在家里，通常是妻子早起梳妆打扮，那么妻子的衣柜就应设在不影响丈夫继续休息的地方。如果两人常常一起起床更衣，那么最好不要将各自的衣橱设在一起。

衣橱当然不是只能设计在卧室里面。在洗手间附近设置更衣室和壁橱也是不错的选择。

1. 更衣室采用了壁橱的形式，洗手间和浴室也互相连通。（小林家）

2. 卧室中设计的男女主人的两个壁橱。其中，左边步入式为妻子使用，右边为丈夫使用。这样的设置对于起床较早的妻子来说（妻子的床也在左侧），就不至于在更衣时影响到丈夫休息。（小川家）

6. 洗手间收纳是舒适家居的重中之重

明确洗手间的收纳功能

似乎很多家庭的洗手间空间都很紧凑，不过我认为洗手间内的生活很丰富。它既是家人共用的场所，也是个人单独使用的私密空间。

洗手间内可以洗澡、更衣、洗衣服、洗脸、洗手、刷牙、化妆、吹头发、剃须、佩戴隐形眼镜……有时还会在里面培育插花或者做一些预先冲洗的工作。

因为所有必要的物品都收纳在这里，需要什么样的收纳空间就很清楚了。不仅仅是洗面用品和洗剂类，如果将衬衣、睡衣也收纳在这里的话，准备洗澡时就更自然轻松了。

想确保洗手间柜台上不留任何杂物，就必须准备充足的收纳空间。通过扩大化妆镜的面积可以在视觉上提升空间大小。（中冈家）

1. 将睡衣、衬衣收纳在洗手间内，准备洗澡时的动线就会缩短。（高桥家）
2. 给家人都备一个"私人小筐盒"，使用的时候可以整体拿进拿出，洗手间就不会显得凌乱不堪。（高桥家）
3. 将搭毛巾的架子设在不显眼的地方。（莊家）

高达房顶的壁柜可以收纳所有
必需品。因为柜子的深度很
浅，所以物品的放置可以一目
了然。搭毛巾的衣杆可自由配
置。（坂本家）

高达房顶的壁柜
可以收纳家人的全部衣物

"很想重新装修洗手间，生活会舒适很多"，很多业主都很高兴地这么说。如果希望有可以收纳各种物品的大柜子，那么高达房顶的壁柜将是不二之选。

壁式柜的深度在1尺（333毫米）左右刚好适合收纳。怎样才算刚好呢？就是A4纸大小的塑料收纳筐正好可以放入。另外，柜子里的空间要整理妥当，以便区分和寻找。

可以把洗脸台下面设置成自由空间，这个空间既可以放置换衣筐和洗漱筐，也可以放把椅子用来坐下静静梳妆、慢慢刷牙。

如果洗手间没有太多的空间，就可以考虑将洗衣机移到其他地方。

2

1

1. 如果洗手间没有太多的空间，那么洗手间的门后等地方就需要设置充足的纺织品收纳区。洗衣时要用的洗衣剂也要收纳在洗手间的吊柜里。（福地家）
2. 在洗手间入口处和背面（洗手时背朝方向）配置高达房顶的壁式收纳柜，用以充分收纳相关必要物品。（山田家）

7. 宽松的玄关收纳
拯救老房子

从地板直达房顶的走廊收纳间足以摆放一家四口人的鞋子等小物件。柜门的颜色和墙壁、地板浑然一体，视觉上也十分巧妙。（青木家）

壁式收纳直达房顶
玄关空间可以充分利用

　　玄关既是迎接家人回家的地方，也是欢迎客人来到的场所。也因为这里是给人们留下第一印象的决定性所在，所以这个空间应该带有宽松明快的感觉。

　　为了经常保持干净利落，除装饰品外，其他物品最好一概不出现。这就需要有充分归拢所有家庭成员鞋子的收纳区域。此外，孩子尚小的家庭还要考虑到孩子今后鞋子会增多的问题，要预留充足的收纳空间。

　　综上考虑，家门口就需要设置一个直达房顶的壁式收纳柜，从地面到房顶也就不需要再留其他空间。因为墙壁与柜门浑然一体，整个空间也就一目了然了。

1

2

1. 柔光照耀下的门厅。如果安装一面大镜子，这里的空间会显得更加宽敞。
2. 可摆放四口之家鞋子的壁式收纳。因为搁板高低可以调整，所以如果今后想增加物品的收纳量，只要增加搁板就可以了。
（高桥家）

充分利用好玄关收纳
家中凌乱感骤减

除鞋子之外，玄关可放置的东西还有很多。比如客人的外套、家人的外套、孩子外出玩耍时的玩具等，只要是在外面使用的物件，收纳到门口处都会带来方便。另外，将手帕和纸巾等物品放在这里，还可以防止出门时遗忘。

根据季节变化更换的门口装饰物也在玄关处收纳比较好。此外，快递和宅急便的纸箱子等从外面附带而来的物品，如果能在玄关就加以处理，那么家中也不会出现凌乱感。

1

2

1. 门口装饰一些应季小物件以迎接来客。日式柜子里面可以收纳非本季的装饰品。（水越家）
2. 门旁的储藏室可以放置一些碎纸机、切削刀具和垃圾箱等。墙壁中间的白色物体是门外的邮箱。收到的邮寄物品可以在这里开封，不必要的东西也可随机处理而无需带回家中。（玉木家）

将外出所需的手帕、纸巾、手套等小物件收纳在玄关处，就可以防止出门时疏忽遗忘。打包用的胶带、剪刀等也收纳在同一个筐子里，放在门口。

玄关除了鞋子还能收纳什么?（高桥家）

❶季节性装饰品 ❷不常使用的登山包 ❸红白喜事等特殊场合或非应季的鞋子 ❹蹭鞋垫 ❺帽子 ❻围巾、披肩 ❼运动鞋 ❽胶带、绳子、剪刀、手电筒 ❾雨衣、折叠伞、外出玩耍时的玩具 ❿手帕、纸巾、手套 ⓫球类 ⓬平时外出穿的外套

8. 走廊、楼梯也能简单变身收纳之所

1

走廊兼作收纳，空间不浪费

在有限的空间内增加物品容纳量，可以充分使用走廊地板到房屋顶棚的立面空间。这样做由于只是向内挖掘了墙壁的容量，整个空间仍然可以一目了然。此外，如果将门的颜色和墙壁颜色刷成一种，会使空间有效融为一体。

不仅如此，通过搁板的细分间隔，收纳增量会多得惊人。因为收纳空间内部清晰可见，所以寻找物品时也轻而易举。我将这样的收纳空间称之为"塔式收纳"。收纳空间设置得浅一些，放入物品后也不至于看不见。

2

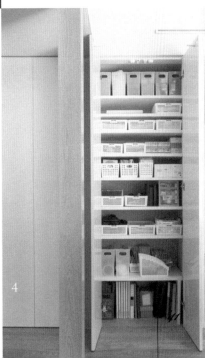

1. 这是进入大门后就能看见的收纳空间。中间是外套和鞋子、小物件之类，根据收纳物品的大小设置，深度可以调整。（水越家）

2. 位于楼梯旁走廊的收纳空间。柜门很大，匆忙找东西时，只需要打开一扇门就可以一目了然。（永岛家）

3. 楼梯两侧设置书架。因为每天都会上下很多次，孩子们自然会和书本亲密起来。（山田家）

4. 这是设在走廊位置直达房顶的收纳空间。空间深度33厘米，所以不会眼花缭乱。这种深度正好可以容纳A4纸大小的收纳筐。

第3章

动线让生活
更舒适

所谓"动线"就是人们在家里的活动轨迹。

如果做什么事情都得东拉西扯、跑来跑去，这样的家当然算不上舒适家居。

决定动线的是设计图，也就是房间的平面布局。如果动线能被重视起来认真规划，那么做家务的效率就会大大提高，家里也不容易凌乱。

1. 卧室靠近卫生间，生活才会更加方便

这是卧室、洗手池、浴室三者紧密相连的布局。无论是早上梳妆打扮，夜间的沐浴还是最后的就寝，这种布局产生的动线都非常短，所以生活也异常便捷。（玉木家）

缩短洗漱和做家务的动线
生活才能更加高效

　　重视洗手间的设计规划是成就简易生活的关键——每次的家居设计都会给我带来这样的切身感受。不管是新建还是重装，洗手间规划设计都是我设计的中心提案之一。

　　生活中的不少活动都是在洗手间完成的，如今也成了修整仪容仪表、改善生活质量的所在。这里既是家人每天都会使用多次的共用区，也是单独洗澡、刷牙的私密场合。这样的重要空间如果能够设置得当，那么家居生活就会舒适而有效率。

　　我向所有客户的提案都是尽可能地将用水的地方靠近卧室。这样就可以在早起后迅速完成洗漱、换衣等装束活动，然后直奔厨房。沐浴过后，也可以从洗手间或壁橱中拿出衬衣或睡衣轻松换上。

　　这样的设计规划看似微不足道，但实际体验一番，就会发现生活确实因此而发生了戏剧般的美妙变化。也许有小孩的家庭对这种快捷、舒适会有更加明显的感受。在两代人共同居住的家里，即便共用玄关和厨房，洗手间也要分开设计。

　　通过改变用水位置的动线，既可以安享高效生活，又可以使家人释放压力。

从面前的洗手池到主卧、厨房都由无障碍拉门连接。在玄关旁有女用化妆间，所以客人可以不在这里洗手。（新地家）

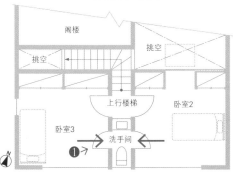

二层（新地家・部分）

阁楼

挑空　　　　　挑空

上行楼梯

卧室3　　卧室2

❶　洗手间

两姐妹的卧室之间有洗漱空间，可以从两侧进入使用。（参照左图）这样的设计可以确保早上起床后无需走动太远就能完成洗漱，十分便捷。（新地家）

调整洗衣动线
生活现状即刻改变

　　洗衣服和吃饭一样，是人们几乎每天都要做的家务。这个过程除了洗涤之外，还包括穿衣脱衣、叠衣服、放回等工序，所以我们洗衣服时走动的距离会非常长。因此，我会将"洗涤动线"作为房子整体设计的基准加以斟酌。

　　我们暂以睡衣为例来说明一二。从早起脱掉到夜间穿上，会经过右图所示的7个动作过程，而不同的动作过程分别在不同的场所进行，这样下来，我们总计会走多少步呢？

　　这样的步数越少，我们就越节省时效。如果从洗衣机到晾晒处要爬楼梯，叠好的衣物又要分别放进每个家人的房间，家务负担就会大大增加。也许有人认为数十步之差不过小事一桩，然而日积月累，一生中所浪费的时间、体力以及面临的压力都会多得难以想象。

奇思妙想缩短动线

　　即使没有新建或改造房子的计划，也可以通过改变收纳位置和重新规划空间使用的方式来缩短洗涤动线。

　　比如，沐浴的时候，特意去壁橱拿取衬衣或睡衣就会显得有些麻烦。如果衬衣或睡衣放在洗手间，从每个房间出发都可直达，所以上图中6—7的动线就可以省略。

　　那么晒衣和叠衣处又当如何呢？如果在晒衣处设置一个作业台来折叠衣物，那么3—5的动线也可以省掉。

　　洗衣动线缩短后，生活就会变得简单而舒适。想象一下上了年纪后的生活状态，这样的设计会减轻家人的身体负担，从而实现家务效率最大化。

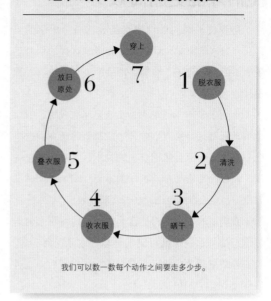

睡衣或衬衣的清洗动线图

穿上 **7**

放归原处 **6**

脱衣服 **1**

叠衣服 **5**

清洗 **2**

收衣服 **4**

晒干 **3**

我们可以数一数每个动作之间要走多少步。

这样的动线要走多少步？

厨房操作台	⬄	电炉灶
厨房内的冰箱	⬄	水槽
厨房内的水槽	⬄	垃圾箱
碟子或餐具	⬄	餐桌
晒衣架	⬄	晒干处
孩子的学习用品	⬄	常用学习桌
笔记用品	⬄	写笔记的地方
装饰品	⬄	镜子

洗衣服、叠衣服、梳妆一起完成的环形动线

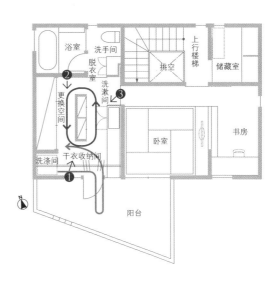

如果卧室和用水的地方都在2楼，生活动线就会非常简单。右图的井藤家即是卧室、洗漱间、浴室都在2楼，洗漱间内还设有一个大壁橱和晒衣处。因为这种设计融合了梳妆、更衣以及洗衣服于一处，所以做起家务来会十分高效。位于洗漱间中心位置的收纳区附近做成了环形开放式，所以动线显得更加流畅。加之所有衣物都放在这里，其他房间也就不会凌乱。此外，客人使用的洗手间位于1楼，因而也就没有必要在客人到来时慌忙清理了。如果这样的设计能让妻子早起出门时的准备活动更加方便，我将深感荣幸。

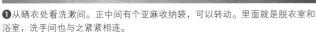

❶从晒衣处看洗漱间。正中间有个亚麻收纳袋，可以转动。里面就是脱衣室和浴室，洗手间也与之紧紧相连。

❷洗衣机位于晾晒衣物的阳台旁。由于阳台窗户敞亮，所以即使将衣物晾在室内也很容易晒干。壁橱的背面是可以挂东西的网格板。

❸紧邻卧室的是洗漱间，所以早上起来梳洗打扮就十分方便。宽阔的洗漱台既可以折叠熨烫洗后的衣物，还可以给宠物洗澡。（井藤家）

洗涤动线案例——高桥家

宾馆式设计
早晚动线都紧密有致

　　这是一个以夫妻二人的卧室为中心，充分考虑到梳妆和洗衣动线的实际案例。卧室中除了必要的家具外只有壁橱，布置十分简单。而卧室和洗漱间、浴室相连，这种宾馆式设计使每天早晚的梳妆、卸妆和清洗动线都十分紧凑。此外，晾晒衣物的阳台和卧室相邻，所以"衣物清洗→晒干→放回原处"的过程也会非常顺畅，当然也就省去了带着衣物上下楼梯的麻烦。洗漱间有充足的空间，衬衣或睡衣也都可以收纳在这里。

②

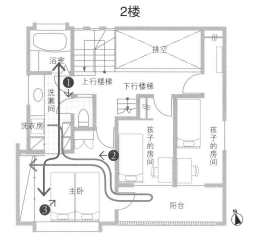

2楼

这是位于2楼的私人空间和靠近用水位置的设计图纸。洗漱间不是仅在卧室旁边设置一个门，孩子们活动的回廊也设有一个入口。

❶从夫妻二人的卧室到洗漱间、马桶以及浴室都紧密相连的"宾馆式设计"。左手边是可以容纳洗脸用品、洗涤用品及毛巾等物品的巨大空间。

❷位于卧室，用于暂时悬挂清洗衣物的小屋（平时也可以用来收纳）。

❸将从阳台收回的衣物挂在图❷处的绳子上，然后在床上叠整齐，最后放入卧室中的壁橱里，这样的动线最短。

2. 巧用动线，家务活在一处搞定

日常家务动线可以无限接近于零

做家务的时间自然是越短越好，这对全职太太和上班女性来说别无二致。因此，如果每天的做饭和衣物清洗都能在一个地方完成，那将是十分节省人力的。

为了实现这一目标，我们需要在厨房中配置一台洗衣机。这种安排的关键在于衣物甩干的地方得靠近厨房。这样一来，我们就会省去抱着沉重的洗衣篮穿梭于客厅或者在楼梯上奔波往返了。

同时，考虑到上了年纪之后会行动不便，从现在起就采取一些减少家务负担的举措，这一点尤为关键。

在厨房旁边设置家务空间，这样的设计会使生活便捷许多。这里要是有一台电脑，就可以用来检索相关烹饪方法，或者在家务间隙查收邮件。（青木家）

❶在厨房的角落摆放洗衣机。来客时拉上厨房门，洗衣机便会隐蔽起来。晾衣服的阳台和厨房相连，因此动线很短。（青木家）
❷有时候洗完衣服寻找挂衣杆有些麻烦，如果在洗衣机旁边开辟空间并安装上挂衣杆和衣架，衣服收纳就会方便很多。（青木家）

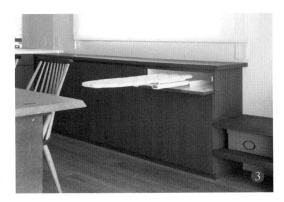

熨台也是不好收纳的家务用具之一。我们可以在餐厅的柜子一角设置机关，在不用的时候将其折叠起来，看起来也会非常舒服。

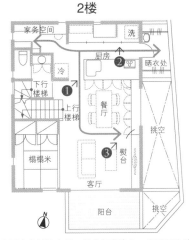

2楼

在厨房安放洗衣机，并在厨房出入口设置晒衣处，这样就可以紧凑地利用时间，将家务活都在一个地方做完。（青木家）

$\mathscr{3}.$ 根据生活方式设计动线

动线体现"居住者中心"

每天上下楼梯很多次，或者只有夫妻二人同住而各自的区域泾渭分明，让人感觉难越雷池一步……住在这样的家里有没有觉得很不舒服？也许有不少人就这么马马虎虎地生活在不舒服的家里。

我建议大家尽早调整这种房屋和居住方式。现在大多数人都开始意识到，过去那种老一套的模式化的家居并不适合自己的需求，有意识地根据自己的个人需求设计的住宅更重要。所以，许多人都在重新审视空间狭小、杂物繁多的生活环境，改建不舒适的房子。

于是，"居住者中心"的时代终于来临了。

家是展现生活方式的地方。这种说法虽然稍有夸大之嫌，但家毕竟和自己想住什么样的家、想过什么样的生活、想采取什么样的生活方式大有关联。

有全职太太的家和夫妻二人都在外面上班的家庭在家居设计方面对于舒适度的考虑是不同的。比如对外面有工作的太太来说，如何顺利地从家庭主妇的角色转换到工作的

角色是便捷生活的关键，因此，化妆间的动线非常重要。

有小孩的家庭，小孩子会将各种东西折腾得七零八落，让家长收拾不及。因此家居设计就需要考虑在客人来时不让他们觉得凌乱的方法。

和上了年纪的老人一起生活的家庭，家居设计需要确保每一代人都有各自的私密空间，而不能让大家都觉得有勉强和违和感。

所以，要构筑整洁舒适的家居环境，就必须在每个房屋的家庭成员构成、个人生活方式方面多做考虑。我们不妨为自己的未来稍作计划，想象一下那种怡然的家庭氛围。想实现这一点，检查动线就应该首当其冲。因为调整动线即意味着重新审视生活。

北原家的餐厅

有小孩的家庭动线——北原家

将卧室、洗漱间和儿童活动室集中到二楼

　　有小孩的家庭在做家居设计时需要重点考虑如何缓解母亲的疲劳。如果在父母居住的卧室旁边设置洗漱间，早晚化妆、卸妆都很方便，而且还可以提升父母和孩子的沟通效率。此外，如果专门设置一个孩子的活动区，无论孩子如何折腾，父母都不必太担心，这样妈妈也能轻松不少。

　　北原家就是这样的代表。在客厅里看不到孩子的活动室，所以即使那里凌乱一点，都不影响家人和来客。二楼的通风窗能保证采光充足，也可以使家人压力顿减、轻松舒适。

❶在通风窗的作用下，家里显得十分明朗，给人一种开放感。而且站在楼下看不到活动室，来客人时也不用担心。

❷孩子们尽情玩乐的宽广活动室。孩子长大后，还可以一分为二隔开，做成他们的卧室。

❸这是连接厨房和餐厅的日式房间。女主人在厨房做饭时，也能随时看到孩子们午休或玩耍的场景。

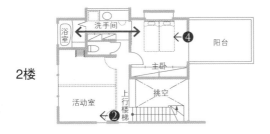

2楼

浴室 | 洗手间 | 阳台 | 主卧 | 挑空 | 活动室 | 上行楼梯

④ ②

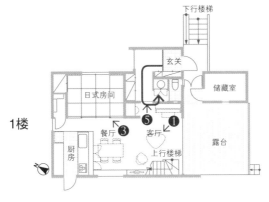

1楼

下行楼梯 | 玄关 | 储藏室 | 日式房间 | 客厅 | 露台 | 餐厅 | ③ | ⑤ | ① | 厨房 | 上行楼梯

一楼宽敞的露台旁边，是放置主人冲浪板的储藏室。二楼的活动室、卧室、洗手间等私人区域都集中在一起。

④

⑤

❹从卧室到洗漱间、浴室都依次相连，这种布置孩子们洗澡也很方便。活动室还可以直通洗漱间。
❺玄关有专供客人使用的洗漱间和卫生间，孩子回家后也能方便洗手。

夫妻都在职场打拼的家庭动线——玉木家

家有妻子工作在外
化妆间动线要重点关注

　　如果是妻子也在外工作的家，丈夫就需要和妻子一起在家庭动线设计方面动动脑筋。一楼为主卧室和洗漱间，二楼是起居室、餐厅、厨房和客厅。

　　这样，一楼就形成了"卧室→洗漱间→家务间→步入式衣橱→卧室"的环形动线。对于一起工作的夫妻来说，早上上班前就可以在一楼完成所有准备，从而达到节省时间的效果。

　　下班回家后，由于已经在一楼完成了卸妆，所以在上二楼之前，妻子就可以顺利实现角色转换。

❶玄关和私人空间、步入式衣橱、洗漱间依次相连，下班回家后妻子就可以在这里转换角色。
❷左侧是卧室，右侧是步入式衣橱。因为和里屋相连，所以正好形成一个环形动线。起床后洗漱、化妆都很方便。

③

④

⑤

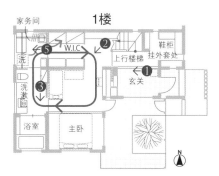

1楼

家务间

洗

洗漱间

浴室

主卧

W.I.C ⑤ ②

上行楼梯

③

玄关

鞋柜

挂外套处

①

N

2楼

冷

厨房

餐厅

客厅

上行楼梯

日式房间

阳台

④

❸紧邻卧室的洗漱间。里面是浴室，旁边还有卫生间。浴室隔断透明，给人以敞亮宽松的感觉。

❹二楼可以满足卧室和厨房的亮度。右手边是女用化妆室和客厅。

❺和步入式衣橱、洗漱间连接的家务间。洗衣机上面有注水管，大开的窗户可以借助阳光晾晒衣物，衣物也容易晒干。柜台上面可以折叠、熨烫衣物。

一楼是主卧和洗漱间，2楼除起居室、餐厅、厨房和客厅外，还有连接洗漱间的女用化妆间。另外，厨房和客厅、餐厅都在二楼，既可以吸收充足的日光，又能留有个人空间。

三代同堂的动线（一）——莊家

面向庭院的单间
保证家人私密空间

家里有小孩的莊家，玄关、厨房和浴室都是公用的，三代人共同住在一起。

一楼的左手边是老人的卧室，二楼是孩子的活动空间。老人的房间面向庭院，突出了独立性。此外，为了避免三代之家经常出现的声音影响问题，需要注意不能在父母房间的正上方另外设置房间。

LDK（兼备起居室、餐厅、厨房功能的房间）里面是洗漱间、浴室和卫生间，孩子只有在洗澡时才会到这里来。白天如果紧闭拉门，老人的房间就是属于个人的空间了。

❶

❷

❶正面的推拉门左侧是老人卧室，右侧是洗漱间、卫生间和浴室。白天关上门后，洗漱间就变成了老人卧室附带的独立卫生间。

❷这是面向庭院的老人卧室。在这里，可以独自一人慢慢欣赏园中绿意（躺下来也可以看到绿色）。床旁边也有一扇窗户，使整个房间更加明亮。

❸这是一楼和老人卧室相连的洗漱间，看起来十分明亮。这里也可以充当熨烫衣物的家务间。里面还设有浴室。

❹洗漱间里面是卫生间，设有洗手的水龙头，也可供客人使用。

❺这是紧挨二楼主卧室的洗漱间和卫生间。卧室附近是室内晾衣杆，这样就形成了"干燥→收纳"的完整动线。

❻这是夫妇卧室。照片右侧是巨大的步入式衣橱。

1楼

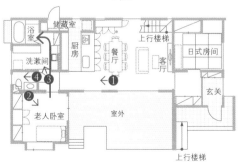

2楼

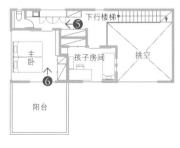

1楼是起居室、和室、母亲的房间以及洗漱间等。2楼是夫妻二人的卧室、孩子房间、洗漱间和厕所。母亲卧室的楼上不设房间，避免了噪声的问题。

三代同堂的动线（二）——小川家

关上门就是母亲的个人空间

　　三代人在一起居住，家里面的洗漱间设置对整体舒适感有至关重要的影响。如果每代人都拥有自己的洗漱空间，每个人都可以在畅快中安享独立。而家里的老人年龄越大，越要重视洗漱间的位置。在小川家，老人的专用洗漱空间就设置在卧室里面，所以即使在没有家人照顾的情况下，老人也可以独自照顾自己。

　　此外，如果关上连接门厅和卧室的门，卫生间和浴室的空间都可以由母亲独自使用。所以，我希望大家重视这种"让老人感受酒店级待遇"的动线设置。

　　当然，孩子们的卧室和洗漱间需要设在二楼。

❶这是一楼的老人卧室。既可以不被打扰，也可以在自己的房间里透过大窗眺望庭院。折叠式榻榻米，可以在朋友来访时派上用场。
❷壁橱中专门设有母亲专用的洗漱空间。由于靠近床，所以早晚打扮、洗漱都很方便。

❸ 足可容纳两人同时做饭的厨房。背面的搁板架在不使用时可以将拉门关上，这样会显得十分干净、清爽。为了在卧室和餐厅看不到灶台，橱柜要高于灶台25厘米左右。

❹ 为了给三代人同时提供方便，洗衣机应该放在楼梯间下面。关上门后也自然会隐蔽起来。

❺ 上楼之后，最右边孩子们使用的电脑房清晰可见。另外，三代人同住的家里，也要确保女主人（妻子）在白天有独自的空间。

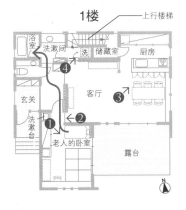

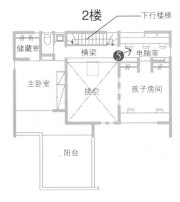

1楼　　上行楼梯

浴室	洗漱间	洗	储藏室	厨房
玄关		客厅 ❸	
洗漱台 ❶ ← ❷	
老人的卧室	露台

N

2楼　　下行楼梯

储藏室	横梁 ❺	电脑室
主卧室	挑空	孩子房间
阳台	

客厅上面直通天花板，给人一种开放感。而且家中窗明几净，通风效果也好。

4. 公共空间分开设计

玄关设置一个女用化妆间，里面还装有洗漱台。（小川家）

客人来了也不必
忙着遮遮掩掩

　　家里来人时，也许有很多人会急急忙忙地清理卫生间。梳妆打扮的时候，往往会有人在洗漱间和来客尴尬相对。

　　如果将家人空间和来客时所用的空间分开处理，就会给生活带来不少便利。因此，我们不妨考虑设置一个附带洗漱台和镜子的卫生间专供客人使用。我将其称为"女用化妆室"。当客人需要方便的时候，我们也不必将他们带到家人使用的洗漱间内。考虑到家庭成员回家后可以直接卸妆，所以女用化妆室一般设置在门口附近为宜。

一般和客厅相连的日式房间，在有客人来到时可以关上拉门、拉下卷帘，作为独立空间。拉门里侧和门厅相连。（片山家）

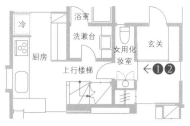

1楼（沼尻家·部分）

1. 这是一个改建后在走廊边设置女用化妆间的示意图。女用化妆间中，左手边是洗漱台，右手边是坐便器。这里也理所当然地成为连接玄关和厨房的通道。

2. 来客人时锁上里面的门，就可以为客人提供一个独立的临时洗漱间了。（沼尻家）

5. 夫妻要有各自空间

将卧室入口处的空间利用起来，做成丈夫的书房。丈夫可以在这里做点工作或自己喜欢做的事。（玉木家）

个人空间能确保生活好心情

居家过日子，如果夫妇之间想要生活更加和谐曼妙，那么就必须确保各自拥有独立的生活空间。双方在某些时候都去忙一些各自的工作或做一些自己想做的事情，既能相伴相依，又自在有趣。

现在很多家庭都是"丈夫有书房，妻子靠一边"。然而在我看来，为女性设置必要的工作或读书空间同样理所当然。

这样安排，妻子可以从家务中迅速抽身应对中断的工作，手中的活计也不会带到起居室或厨房，生活也会变得更有条理。

1. 在厨房的一角，为妻子设置一个小型书房。妻子可以用电脑检索菜单，也可以在这里记录家庭收支。
2. 这是设在二楼走廊的丈夫书房。（该图是站在一楼客厅向上看）
3. 这里可以用来放置电脑、打印机、书本等东西。

小空间也可以做成好书房

　　在有限的面积内，有时候难免连自己的独立空间都保留不了。不过，在卧室入口、楼梯缓台或厨房角落等地方，我们是不是可以发挥聪明才智塑造属于自己的空间呢？

　　即便不能配套出一个完全独立的房间，但只要合理利用墙壁、墙角等位置，也能在一室一厅中设置出一个无形的房间。如果妻子经常在家，我们就可以在厨房或餐厅的一角挤出一定的空间，方便妻子在家务间隙使用。如果在这个空间待的时间比较长，还可以考虑设计一扇窗子眺望外景或者能看到家人的活动，构筑一种非封闭式的工作、生活场所。

（上图）这是男主人的书房，我们可以直接看到卧室里侧。上半部分的墙面打开，可以增强空气流通性。

（左图）男主人喜欢做飞机模型，因此可以在靠近房顶的墙壁上装上木板，在上面吊装飞机模型。

1. 餐边柜的一角用来放置妻子的电脑，在不用的时候可以将电脑放到柜子里面。而旁边的椅子也可以在吃饭时使用。（山田家）

2. 这是位于楼梯顶部的夫妻二人共用的电脑间。从一楼客厅看上来，这里刚好是视觉盲区。

3. 将一楼日式房间的一角做成妻子的趣味空间。在这里既可以欣赏庭院的景色，又可以使用电脑或者体验雕刻和书法的乐趣。（井藤家）

4. 这是利用客厅和洗漱间的过道位置做成的供妻子做家务的空间。为了避免从客厅方向看见，特意安装了竖形遮挡杆。（小林家）

第4章

乐享属于自己的
室内装饰

像挑选衣服和鞋子一样，如果能生活在自己喜欢的风格的室内装饰
中，心情也自然会舒爽很多。
因此，要构筑能够使自己舒缓放松、心情愉悦的居住环境，首先需要
请大家从"分析自己的喜好"开始。

1. 精心打造家的风格

这是女主人在家居店里精挑细
选出来的家具和吊灯，整体透
露着一股简约之美。

第一步是要发掘自己喜欢的风格

　　室内装饰风格可谓多种多样。有简洁的直线形为主的现代式，有明快纯粹的自然风，还有日式风格、北欧风格、乡村风格以及亚洲风格等。所以，想清楚自己究竟喜欢什么样的风格（氛围或趣味）尤为重要。

　　当然，风格喜好可以不限定为单独的一个，混合搭配也未尝不妥。因此，大家可以大量收集自己觉得不错的图片，然后用眼睛来细细甄别。杂志也好，旅行手册中宾馆的室内装饰图案也好，对于直觉良好的画面或插图，我们都可以剪下来贴在笔记本或文件夹中对比参照。这样一来，自己喜欢的风格也就清晰起来了。

这是高桥家的女主人为筹建新家所做的"我的家居装饰笔记"。我一边看着她人为喜欢的法式自然风，一边和她沟通家居装饰的问题。

这种装饰风格是参照山田家以前住过的伦敦郊外的房屋照片设计而成。主人满心欢喜地告诉我，这样的设计让他们联想起了孩子们小时候欢乐嬉戏的场面，也增进了家人之间的沟通。（山田家）

2. 培养理解设计的能力

不管是国外的书籍还是日本的书籍，里面都有许多关于室内的漂亮的图片，对培养审美眼光非常有效。尽量每天都打开书看，在书中心仪的图片上贴上便签，多看几次。

美好的事物观察久了
审美能力就被磨炼出来

　　我从学生时代就非常喜欢弗兰克·劳埃德·赖特的作品，所以他设计的房子的明信片，贴满了我的桌子和厨房（见右图）。当时，我将自己最喜欢的图片贴在随处可见的桌前等地方，通过每天频繁地观察，我也逐渐培养了一双家居装饰的慧眼。

　　一旦清楚了自己的喜好，那么就需要购买一本里面有许多图片、硬封装帧的室内装饰书。精选出的空间设计图片确实有助于赏心悦目。在心仪的书中图案上贴上便签，反复观察、认真斟酌。

　　通过这样的努力，我们就可以从单纯的"喜欢"更进一步，逐渐迈向理解"自己为什么喜欢这种风格"的较高阶段，而这就是所谓的"培养理解设计的能力"。

3. 室内装饰第一步：把不想看见的东西藏起来

冰箱、碗柜和电灶之类不宜外露的厨房用品可以放在厨房背面的空间，关上门之后就可以彻底隐藏起来。（片山家）

大扇推拉门
让家更整洁清爽

要想让室内装饰大放异彩，合理地隐藏不宜外露的物件比考虑如何装饰更为重要。如果这些物件暴露在外，再精美的设计装饰也难以与之相映生辉。因为"彰显"和"隐藏"需要协调统一。

如果坐在客厅还能看到开放式厨房中的电器、碗柜和平底锅之类的各种器具，那是断然难以放松身心的。此外，等到客人来时再打扫清理也会十分麻烦。这里如果能有一扇推拉门，适时发挥隐藏上述物件的功能，主人就可以坦然安心许多了。

1. 充满生活感的厨房背面空间。除冰箱、电灶和碗柜外，也可以放置洗衣机。（新地家）
2. 来客时关上门，厨房便可隐藏起来。因为推拉门和房顶高度一致，并且和墙壁已浑然一体，所以也不会产生违和感。（新地家）

完美地隐藏配件

　　金属、塑料制品等很容易影响室内装饰的效果，所以要尽可能地将这些物品排除在视线之外。例如电脑、电视配线，洗漱间或洗手间的配管等。当然，空调等家电类也一样。如果单单留心于室内装饰设计而忽视这类物件的存在，后期可能后悔莫及。放置家电的地方最初就应该和设计人员沟通妥当，要充分利用电视柜或中空墙壁，将不宜外露的物件完美地隐藏起来。良好的隐藏是提升室内装饰的关键所在，也是进一步凸显房子焦点位置的重要环节。

安装一个遮挡柜，将厕所洗手盆的下水管完全遮挡起来。因为柜子带有轮滑，所以清理起来也很方便。（坂本家）

为了确保吃饭时看不到冰箱，特意设计了遮挡墙。由于遮挡墙的宽度和冰箱相仿，所以在使用冰箱时也不会产生不便。（莊家）

壁挂式彩电最忌讳的就是电源和天线配线暴露在外，如果对墙壁稍加开凿利用，视觉效果将大大提升。（莊家）

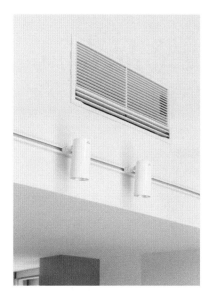

为了尽力隐藏空调的存在，嵌入式空调是绝佳之选。（片山家）

3

4

3. 上方百叶窗中安装的便是空调，下方百叶窗则装有蓄热暖气机。这样的室内装饰干净清新，和房间宛如一体。（高桥家）
4. 操作暖气机时，百叶窗可以自由打开。（高桥家）

4. 调整装饰品布局，让空间重焕生机

把在泰国的吉姆·汤普森❶之家
遇到的4幅绘画装上镜框，做
纺织时用的梭子点缀在中央。
（水越家）

❶吉姆·汤普森之家是一座绿荫覆盖的建筑群，是著名的美国丝绸企业家和艺术收藏家吉姆·汤普森的故居。
——译者注

重视焦点位置，提升装饰效果

在布置绘画和照片的时候，必须重视视线焦点的位置。如果精心装饰的地方游走在视线之外，那么所有的努力都会付诸东流。比如装饰画挂得太高就是常见的问题。所以，装饰画的中心和人的视线高度保持一致才是最为理想的做法。此外，装饰画被前面的花草或者其他摆设物品遮挡也应当避免，两者的魅力都会因此而大打折扣。

巨幅绘画应装饰在宽敞的地方，而和人较近的墙壁上应以数副小型绘画组合搭配为宜。在悬挂多幅绘画时，要注意上下齐整，整体呈现长方形。另外要重视统一感，比如将绘画按照相同尺寸、相同系列进行排列，或者按照装帧和背景素材、颜色合理调配，自然会显得和谐统一。

1. 空间宽敞的地方，悬挂大一点的绘画能起到较好的衬托效果。（沼尻家）
2. 上楼梯时看到自己喜欢的书法作品会令人心情愉悦，这种近距离的装饰画应当以小幅为主。（井藤家）
3. 预留的装饰墙空间比较狭长，此时连续的多幅绘画会令装饰效果大放异彩。（新地家）

5. 甄选相伴一生的家具

这是我30年前购买的意大利阿尔弗莱克斯的玛伦可风沙发，17年前加购了中间的一个座位。但是和普通的旧沙发相比，它的舒适感毫无减损，而且耐用性和质量保持良好。（水越家）

经典家具一定是不二之选

在考虑符合自己风格的家居装饰时，家具的选择是最为关键的一环。在选择家具的时候，从其材质到设计都要细细考量，最终选择自己可以接受的经典产品，不能带有一种暂时过渡的意识。即便是临时住所，也是每天都要生活休息的地方，所以绝不能草草选择。

我们不妨一边参照品牌目录，一边在杂志或网上细细探寻。如果找到自己喜欢的门店，就亲自到店里跑一趟，和店主谈一谈也未尝不可。即便不买，寻觅符合自己风格、足以信赖而且可以长期沟通的门店，也是一种特殊的收获。

随着家庭成员的增加或者搬家引起的家庭布局变化，可能需要再增加一些家具。但如果这一品牌所生产的家具足够经典，以后再购齐同种家具也就可以实现了。

这是飞驒高山市的家具制造商柏木工制作的沙发。这组温暖的沙发由2种木材制成，舒适易坐，从后面看也很美观。（永岛家）

电视柜高度较低且呈水平延伸状，凸显出空间的流畅感。柜台以四脚支在地板上，从地板上浮现出来的样子给人一种轻快、时尚之感。（中冈家）

偶尔更换沙发罩也是饶有趣味的事情之一。沙发罩和靠包的枕套也要注意搭配。（小林家）

个性家具给室内氛围锦上添花

　　将别有个性的家具摆在焦点位置，自然会吸引人们的眼球。如果你喜欢的家具又具有实用功能，那用来装饰自己的家就最合适不过了。我比较推荐的是带有良好收纳能力、符合自己风格喜好且稍微带点个性的家具。此外，如果在家具附近配套摆放一些与其氛围相匹配的绘画或照片，那么必然会光彩夺目，成为关注的焦点。

　　如果在购买家具时实在挑不到满意的，也可以考虑私人定制。被喜欢的物品包围的生活，才是室内装饰的最高境界。

1. 这是装饰性家具发挥实用功能的典型案例。极具存在感的仙台柜放在餐厅，用于餐具和小盘子等物品的收纳。（新地家）

2. 通过专门定制，柜子的抽屉里面增加了储物层，收纳能力也得到了进一步提升。（新地家）

3. 将英国制作的古董家具放在玄关的焦点位置。墙壁上悬挂的装饰画可以巧妙地遮挡住暖炉设备的仪表盘。（山田家）

4. 玄关正面的焦点位置所摆放的是已经使用了30多年的主人最喜爱的欧式民艺家具。（福地家）

这是日本家具品牌CONDE HOUSE 的柯内莉亚就餐椅。设计简约优美，整个椅背能很好地支撑人的后背。这种椅子坐上去手臂很放松，坐起来很方便，身心舒适。（坂本家）

选择舒适座椅的方法

在所有的家具之中，椅子是比较特别的一种。因为和身体接触的时间很长，并且要在一定时间内承担起身体的全部依靠，所以椅子能够左右就坐者的健康。在追求功能性和美观性方面，椅子称得上是室内装修的终极呈现者。

一般认为，符合日本人体格的椅子平均坐高为40～43厘米，坐面和桌面的高度差约为30厘米。如果是老年人或身材娇小的女士要长时间坐在椅子上，桌高和椅子坐高都可以降低3～5厘米，便于缓解疲劳。

坐下时，如果双腿能够正好伸直，这样的椅子坐起来是最舒服的。此外，靠背弧度如果能够按照身体线条弯曲也会对身体大有裨益。如果带有扶手，想站起来的时候会方便许多。

选择沙发时，软硬度和高度也要细心把握。老年人从柔软的沙发上站起来，身体负担就会明显加大，这种情况下，我建议大家选择坐面不会下沉太多的硬质坐垫。或者干脆放弃沙发，在宽敞的餐厅中摆上餐桌和椅子也是不错的选择。不过，由于这种椅子比较低，所以最好带有扶手，而且坐面要宽，有舒适的靠背。

阿尔弗莱克斯的欧姆尼亚沙发不但结实，而且就坐时舒适、站立时方便。卧室里面的就餐椅是柏木工的"平民椅"，可以有力地支撑身体。

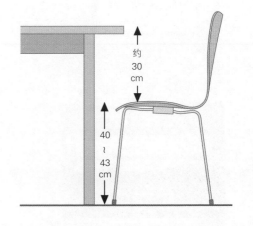

日本人适用的椅子坐面高度40～43厘米，椅子坐面和桌面的距离约30厘米。

这是汉斯·韦格纳的名作Y形座椅，看起来舒适温馨，在日本大受欢迎。用纸绳或木头支撑身体，可以长期保持身体的美感。（高桥家）

6. 色彩和材质
让家居更有腔调

在凹凸的材质上
欣赏光的表情

提起家居装饰，人们最容易想到的就是家具和布艺之类的东西。但实际上，墙壁和地板的材质、颜色等因素也不容忽视。所以，我建议大家选用瓷砖时也可考虑选择有"表情"的自然材质。

带有凹凸感的材料在光的照射下会形成清晰美丽的光影，从而使室内氛围带有一种变化的韵律感。在清晨、烈日或夜间照明灯的作用下，材质上的光影会依次呈现出不同的表情，这些都让人赏心悦目。

如果将这样的材料和颜色用到室内焦点的位置，效果将会更加明显。

1

1. 这是餐厅墙壁上的瓷砖效果。在自然光和照明灯光的作用下，这里的装饰和光影相映生辉。（莊家）
2. 厨房的地面用带有温和感的赤陶瓷砖铺成。这种瓷砖不仅看起来漂亮，而且耐水、耐污染性都很强，功能性完好。（井藤家）
3. 白色瓷砖非常富于变化，用在家中的休闲区最为合适。（沼尻家）
4. 这是洗漱间，同时也供喜好书法的女主人涮笔用。

为了避免显得脏污，洗脸池选用黑色的材质。台面周围也贴上了马赛克瓷砖。（井藤家）
5. 为了在餐厅放置观叶植物，木质地板的一部分被瓷砖所代替。这样，即使花盆有水流出来也大可放心。（高桥家）
6. 凹凸斑驳的瓷砖显得错落有致，随着时间的推移，瓷砖也在每时每刻中显露出不同的表情。这种装饰常常被用于客厅当中。（小林家）

这是从客厅里看到的厨房一角，墙壁用马赛克瓷砖贴成，整体上充满变奏感，所以任何时候站在厨房都能保持愉悦的心情。

不同房间搭配不同色调

主色调不同，人们对房间的整体印象就会千差万别。冷色会给人清洁感，所以适用于厨房或靠水的地方，暖色则容易成就温馨舒适的氛围，所以用在北边的房间或卧室较为妥当。当你决定好不同房间使用的主色后，房间的墙壁、沙发套以及窗帘等配饰的颜色也要考虑清楚。

有时并非四周墙壁都要上色，只涂一面也在情理之中。这种做法可以凸显房间的主立面效果，从而达到提升装饰性的目的。

同一个房间里有几种颜色重复出现，也是基本的室内装饰技巧，即"重复装饰法"。

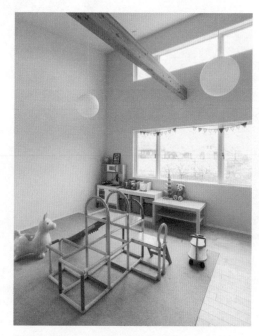

只将儿童游乐区这一面墙壁涂成柔和的淡蓝灰色。未来将这个房子隔成两间，这面墙壁是两个房间共有的。（北原家）

1. 提升卧室的地板高度，并将提升部分涂成统一的蓝色。插座套颜色也与之保持一致，使卧室整体基调相同。（井藤家）

2. 按照"带有女孩子梦幻色彩"的设计要求，让浓淡相间的粉红色调搭配协调。（片山家）

3. 沙发本身很简约，摆放的靠垫的图案增添了看点。（莊家）

4. 这间房子的墙壁整体呈黑色，给人一种沉静之感。靠垫套和被罩也是同一色调，放在一起彰显出高雅品质。（片山家）

将中意的盘子做成"展示型收纳",使其成为室内装饰的一部分。平时这里的盘子也用来盛饭菜。（沼尻家）

7. 发挥想象，享受装饰家的乐趣

实用器物也能变成家居装饰的亮点

比起那些为了装饰而特意做成的装饰品，我喜欢将能够点缀生活的实用物件用于家居装饰。因为在工匠们笃实的劳动所创造出的物品中散发着一种独特的美感。所以，我推荐大家更多采纳这种"有用之美"。

有时候，脱离物体本身的用途而发挥他用也是室内装饰的一种高妙之处。比如，将漂亮的箱子、盒子用于拖鞋或扫地用具等物品的收纳，用旧的纺车部件栽花，植物攀爬缠绕其上。我将这样的方式称为"转用"。我也希望大家发挥自由想象，亲身体验家居装饰的乐趣。

1. 将亚洲风格的家具和工艺品摆放在客厅的显眼位置。从楼上垂下来的绿萝看上去很舒服。（小川家）
2. 这个绿色植物缠绕起来用于室内点缀的，是老旧的纺车线轴。拆毁一所古民宅的时候一个朋友得到了这件线轴，后来转送给我。（水越家）

3. 把在木质露台上穿的拖鞋和小扫帚等收纳在亚洲风格的盒子里。（小川家）
4. 把父亲自小使用的木质书柜摆放在客厅里用于CD收纳，老旧的五金件可以更换。（水越家）

8. 和绿意相伴

这是一组直通大门的绵长通道。通道两侧
绿意生辉，令人心旷神怡。（莊家）

最好的家居装饰
是能从房间里看到绿色

因为绿色对家居氛围有极大影响，所以门口布置或户外栽种植物都必须和家居设计同时展开。如果想要遮挡外部视线，那么使用绿植栽培取代印花玻璃或窗帘的方法可以让室内氛围丰富多彩。这种保护自家隐私的绿植应根据具体情况选用高度适中的常绿树为宜。

我向很多住户都推荐了生长繁茂的冬青或山茱萸之类，并将其作为"象征树"加以培植。将这些植物种在客厅或其他地方都能看到的位置，能使家庭成员悦目舒心。这时，从房间窗户望出去看到的绿色将成为不逊色于任何绘画的绝佳装饰物。

一到春天，在屋外的木地板露台上能够感受到春色，而屋内的每个房间也能观赏到樱花树连成一排的景象。因为房屋地基高于道路，所以观赏者的视线不会受到街上行人的影响，同时还可以在露台上品味香茗。（新地家）

玄关处的大窗户使中庭的"象征树"成为了一幅画。房间里整体以白色为基调，正好和绿色交相辉映。（玉木家）

长待的地方更应配以绿植

玄关前通道两旁的多彩植物会给到访的人带来平和的气息。而对于舒缓居住者本人的心情来说，眺望窗外的绿意更是不可或缺之举。因此，要在房子设计时尽可能地确保窗外的绿植尽收眼底。特别是厨房或者餐厅等家庭主妇长待的地方，一定要让美丽的绿色风景映入眼帘。

也许有人会觉得自己没什么空闲时间打理植物，那么我就会推荐他们种一些杂树野花之类。这些植物无需修剪，可任由其自然生长，相比起来也会透露出一种天然的纯美之感。

1. 在和餐厅连接的阳台种上既可观赏又可食用的两用蔬菜，让生活充满趣味。（山田家）
2. 在厨房长时间操持的女主人所看到的是这样的风景。偶有小鸟飞来，令人愉悦非常。（小川家）

从浴室的窗户也能眺
望到绿景。这样的自
然风景能治愈一天的
疲劳。（莊家）

9. 用照明演绎新空间

让间接照明陶冶幽静的生活

　　照明并非标准的一室一灯，而是用众多灯构筑生活的多姿多彩。通过能调光的开关，可以演绎出形形色色的精彩场面。晚饭后度过的轻松时光，我更推荐的是间接照明法。所谓间接照明法，就是让灯光照射房顶或墙壁，而非直射下来，借助反射作用获取间接的光亮效果。最后通过光亮的汇聚或浓淡变化演绎出清晰可见的新空间。

　　为了让间接照明效果漂亮不凡，需要将灯光投射的房顶或壁面清理干净。一般高级公寓房顶上都有过梁或线管，所以房顶会因此呈现出平面差异，但是如果对这样的平面差异效果合理利用，间接照明也是可以实现的。

1. 虽然整个房间都是平和的亮度，但投放在餐桌之上却会让饭菜看起来美味可口。从天花板上悬垂下来的吊灯比较常用在这里。（小林家）
2. 给卧室的天花板和四周墙壁之间都预留空隙，然后在空隙当中装入长形照明灯管，从而让夜间的卧室发出轻柔的光亮。（荘家）

楼梯上安装的小边灯不仅仅是出
于安全考虑，也有利于装饰效果。
此外，边灯还可以用于客厅照明。
（莊家）

让视线焦点呈现戏剧效果

　　白天自然光的照射和夜晚灯光的使用会使屋里屋外氛围迥然。因此，让两种光都发挥美化作用十分重要。如果视线的焦点位置光影弥漫，室内和室外的装饰都会显得更加突出。

　　采用间接照明或在天花板上安装灯具等不同的照明方式，可以区分出各色不同的生活场景，从而使各个空间产生丰富的表情。

　　照明角度也很重要。如果某个住宅的庭院有标志性的大树，那么从树底下发出的强光可以创造出戏剧性的气氛。同时，要是在正门到房门之间的通道旁安上柔和的投射灯，也会产生引人入胜的效果。

夜间让灯光投射在楼梯入口处的装饰画上，白天从天窗照射进来的光亮也会使这里异常明亮。（新地家）

1. 从院门到房门之间的绵延通道两旁，用衬托绿意的低矮照明灯为主客引路。（莊家）
2. 化妆间里柔和的灯光照射在瓷砖墙上，创造出了一种宽松舒适的空间氛围。（小林家）
3. 这是充当玄关处焦点位置的装饰护板。在灯光的照射下，凹凸有致的阴影很有看点。（小川家）

10. 小物件也是家居装饰的一部分

细节处也选用自己喜欢的风格

为了打造自己喜欢的空间风格，把手、开关以及挂钩等细小物件也不能忽视。我们先要决定选择复古风还是现代风，然后再考虑影响房间氛围的相关配饰。现在，网上出售的各类装饰物琳琅满目，业主们也可以根据自己的喜好自由选择。其实不需要大动干戈，只要在这些小物件上稍作调整，房间的氛围就会大为改观。我也希望大家不妨试一试。

1. 电灯开关要和家居装饰风格相得益彰。（莊家）

2. 给双拉门装上小把手，颇能彰显现代日式房间的风格。（莊家）

3. 这是化妆间洗脸池上的水龙头。因为造型比较典雅，所以在这里显得很协调。（高桥家）

4. 洗手间内的门把手。（高桥家）

5. 拉门的把手是女主人选定的。其造型模仿了船桨的形状，用在这里很漂亮。（玉木家）

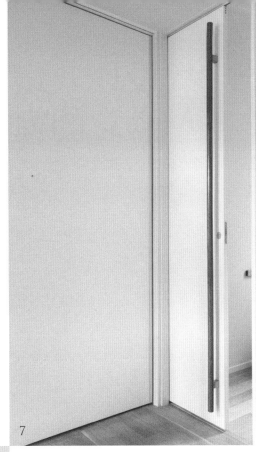

7

6

6. 玄关的墙壁上安装的铁制衣帽钩。不挂衣物时，也会成为一种装饰。（高桥家）

7. 位于门厅附近的化妆间门。用圆棍状的长木把手取代普通把手，让化妆间的门看起来像墙壁一样清整。（坂本家）

11. 设计一扇令人
满意的窗户

有挑空的客厅可以说是家的中心，在这里设置一面直通房顶的大型落地窗，一整天都会有阳光洒进来。窗前选择安装纵向的百叶窗，可以根据光的方向改变窗叶的角度。（莊家）

1

用窗帘装饰窗户

　　给窗户选用什么样的配饰极为重要。如果想从户外采光，可以选用百叶窗或者从窗顶安装遮光帘。百叶窗可以根据需要调整叶片的角度，所以使用起来十分便利。当然，窗帘的使用可以为房间带来柔和的氛围。一般情况下，窗帘多以平拉式为主，但有些时候也未必合适。这时不妨考虑选用卷拉式窗帘，通过上下开合可以留足空间，减少压抑感。此外，窗帘上带点流苏，也能让视觉上更加舒适。

2

1．这是一间日式房间的窗户。坐在房间里，目光投向中庭，庭中的景观树映入眼帘。这种窗帘上下都能打开，既能保障个人空间，采光效果又好，还可以欣赏窗外的景色。蜂巢材料隔热效果也不错。（玉木家）
2．通常，在有褶的窗帘后面还有一层蕾丝窗帘，两者重叠可以使装饰效果大为出彩。另外，如果流苏的位置和视线持平，其效果更佳。（山田家）

让房间看起来更宽敞的窗户

　　把窗户的槽缝和小孔清扫干净，房间的立面看起来像和天花板是一体的，光线能够更好地照射进来，房间也显得更宽敞。如果在纱窗的内侧安装防护板，关上防护板后，它和玻璃之间就会形成空气层，隔热效果会更好。即使在冬季，睡觉时关掉暖气也能确保暖空气不外泄。木制防护板对室内装饰大有裨益，所以我也向大家推荐使用。

　　室内防护板或卷帘在不用时可以收进墙体内的槽内，这是设计时需要注意预留的。将窗帘上的横杆等不宜外露的部分放入窗帘匣，也是更为完美之举。

1. 不使用的时候，将防护板装入墙体的槽里，卷帘则被收入窗帘匣中，在家里很不显眼。（福地家）
2. 纱窗内侧是木制防护板。（福地家）

这个房间的窗户上面留了一段墙壁，但是从天花的位置悬垂下来的遮光帘刚好挡住了这段墙壁，也让房间看起来宽敞明亮。（中冈家）

3. 飘窗上面装上幕板，将窗帘横杆等不宜外露的部分隐藏起来。（福地家）
4. 将卷帘安在贴着天花板的位置时，把能看到的金属器件通过前后两面的遮挡藏起来，让整个设计看起来美观大方。（片山家）

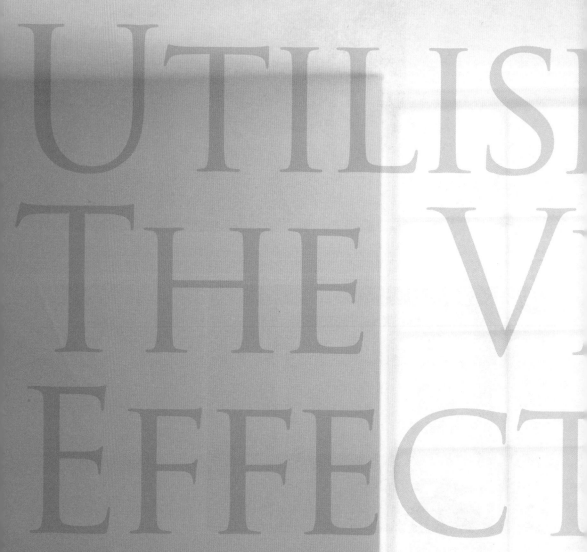

第5章

家是视觉的魔术

众所周知，有一种事半功倍的方法可以大幅提升家居印象。

这种方法就是在某个空间里汇聚视线，有意地制造出一种"焦点"。

这种方法在业主们想改变房间氛围时能大显神通。

1. 了解视觉的魔力

从院门口望进去，视线集中在玄关处，就好像是在对客人说"欢迎你"。

焦点印象决定了整个家的印象

刚一踏入大型酒店的大堂或餐厅，你是否会产生一种仿佛来到了一个"全新世界"的错觉？这就是用室内设计塑造出视线焦点后的效果。接着，最先映入眼帘的焦点印象会转化为对酒店的整体印象，从而深深地留在来客心中。

家居设计看起来美观怡人的基本要点，首先就在于通过焦点的设计筑造充满魅力的空间环境。日常生活中的家不也是在目光投入的一瞬间便可以感知这里是否舒适温馨、美丽大方吗？

每一所房子带给人的印象都取决于它的焦点。而作为给人留下第一印象的玄关，其焦点便尤为重要。可以说，房门打开后进入眼底的第一景象决定了别人对这个家的整体印象。倘若在这里布置美观的装饰，自然会产生引人入胜的效果，可能就是一点简单的摆放，给人的印象就会有天壤之别。

相反，如果这么引人注目的地方像一团乱麻，而且墙壁斑驳，那么别人对这个家的印象也会大打折扣。

每个房间的焦点是打开门后身体正对的方向所能看到的位置。（见下图）我在进行家居设计的时候，首先确保焦点所在的位置容易进行布置。

对此，大家不妨自己扮作来客，尝试一下打开自家大门，然后体验一下进到家里是一种什么样的感觉。

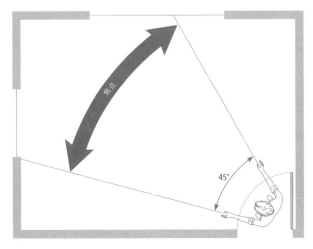

两手向前伸直，水平夹角保持45度左右，由此而形成的扇形范围便是焦点。如果房间的门是推拉门，那么这个焦点会更正对一点。

以客人的眼光
审视整体家居

　　大家不妨扮作初来拜访的客人，从客人的角度审视一下自家是否存在问题。比如走出家门，站在大门口的位置向家里面看，当你打开大门后，最先映入眼帘的是什么呢？也许你最喜欢的鲜花和配饰却被放在了视线难以达到的地方。

　　进入大门后，客厅和洗手间也需要审视一番。我们不妨把喜爱的物品放在焦点位置，将不愿看到的物品移到视线之外，然后再看看效果如何。

　　就像这样，从家的视线焦点等关键环节入手调整每个房间的方法，可谓是提高家居装饰的捷径。

1. 上楼梯时能够看到的走廊，可以在这里摆上装饰柜，摆放一些有纪念意义的家人的物品。（小川家）
2. 打开大门时映入眼帘的正面风景。在日式柜子上面放上应季性的装饰品，装饰画也可以随时更换。（水越家）
3. 上楼梯时看到的场景。挂一条织锦便可游目骋怀。（福地家）
4. 打开客厅门之后，一片宽敞之景。可以将摆着自己喜欢的书的书架和充满亚洲特色的物件放在正面，同时避免焦点之外的电视机进入视野。（水越家）

这是打开玄关的推拉门后映入眼帘的起居室景象。挑高的中空让起居室更显明亮。（莊家）

2. 决定家居印象的 三大焦点区域

院门、玄关和客厅三大区域
决定家居印象的 80%

　　从客人的视点来看，他们最关注的焦点莫过于院门、玄关和客厅这三个地方了。首先，进正门后看到的景色是怎样一种感觉呢？如果这里都是枯败的植物和浇水管子之类的东西，整个家的印象就会在此处大打折扣了。如果进入玄关后看到的是鲜花生机勃勃，装饰画漂亮有序，又会产生怎样的感受呢？相反，假如这里是一些未放入盒中的鞋子和叠放的硬纸板箱，又会作何感受呢？此外，进入客厅如果最先看到的是电视柜上的黑色大电视，那么印象中也会留下污点。因此，我们需要认真布置影响房屋整体效果的焦点，让这些地方成为吸引来客目光、良好家庭氛围的亮点。

三大焦点位置（小川家）

1. 院门
一边沐浴着疏斜的阳光一边打开院门，此时映入眼帘的是两侧绿意相伴、通往屋门的小道。

2. 玄关
正面是有家庭纪念意义的泰式传统风格的墙壁。在灯光照射下，木质墙壁的影子美轮美奂。

3. 客厅
打开屋门，便是窗明几净、充满通透感的客厅。沙发背后，亚洲风格的餐厅便是美的焦点。

重新打造玄关的焦点

让开门的瞬间
满眼都是美景

　　玄关是迎接客人的地方，也是留给家人最为重要的缓冲地带。一天辛苦的学习或工作结束以后，如果刚进家门看到玄关是一番规整怡然的景象，整日的疲劳也可以化作云烟。相反，如果在这里看到的是随意摆放的鞋子，杂物乱作一团，那么心情断不会舒爽。

　　因此，在玄关预留充足的收纳空间，突出焦点效果的家居装饰才是一大关键。

　　只要对玄关稍作调整，整个家的印象就能大大改观。所以，请大家充分重视玄关，每天都能带着美好心情在这里和家人说"欢迎回家"。

（井藤家屋门口）

调整前后的玄关（一）——押切家

Before

After

（before）正面是楼梯扶手壁，墙顶茶色的横木给人强烈的倾斜感。连通卧室的门也是浓浓的茶色，显得十分突兀，焦点位置杂乱无序。

（after）整体呈现出一个白色的空间，在焦点位置布置一组护墙板用于遮挡楼梯。另外，护墙板还可以前后滑动。

调整前后的玄关（二）——坂本家

Before

After

（before）焦点位置的长方形窗户可以看到外面的水泥墙。鞋子的收纳空间设置在过于显眼的地方，让人感觉不妥。

(after)正面的墙壁用装饰木板包起来，调整了窗户的大小，使之成为欣赏外面植物的景观窗。

3. 移动的焦点

上楼梯的时间其实是很长的，所以行走过程中进入视线的
物品也很重要。从迈步登梯到中途行走，再到最后到达的
整个过程，眼中的风景实际都在变化。（北原家）

1. 上楼梯时，首先映入眼帘的是这里的绘画和绿植。在顶灯的衬托下，主人可以一边走在光亮的楼梯上一边欣赏旁边美妙的绘画。（水越家）
2. 楼梯最后的缓台又是一番别样的新景。床上用的织锦等代替了传统的窗帘，可以随着四季的变化更换。（水越家）

站在不同的位置
焦点也随之改变

　　家中的焦点会随着人的移动而变化。当行走在廊下或者楼梯上时，视线所能看到的地方即焦点所在，但是在家中漫步时，视线的焦点又会出现在哪里呢？走廊尽头的房间墙壁和楼梯缓台，都可能是视线停留的地方。特别是缓台处，上楼梯时必然会进入家人的视野，所以这个位置尤为重要。在这里配上绘画或观赏植物，行进中别有一番美妙的装饰体验。

4. 同样的位置
看到的景色却可以更美

考虑到这家的女主人对园艺颇感兴趣，我在
设计时就立意让她在任何时候都能从厨房看
到她最喜欢的玫瑰花。我也希望她能有自己
的喜好陪伴着幸福快乐地生活。（福地家）

有美物陪伴的
烹饪和用餐时光

　　每个家庭都有各自家庭成员的"固定位置"。用餐或者餐后放松时所坐的位置在某种程度上都是固定的。那么，就让我们来分析一下每个人"固定位置"的焦点所在吧。

　　例如，也许有人会在不经意间看见吃饭的地方放着风扇，或者品茶时却能看到阳台上的空调外机。待在固定位置看到的东西对自己尤为关键，所以，如果映入眼帘的是自己特别珍爱或非常喜欢的东西，那又当是怎样的一种心情呢？时间长了，相信家人的幸福感也会更多。

1. 这家的女主人可以从她经常坐的餐桌位子看到孩子们小时候的照片，勾起她的回忆。一丝眺望，便是一种温馨。（小川家）
2. 在开放式厨房炒菜做饭时所看到的景色。春天来到时，还可以观赏美丽的樱花绽放。（新地家）

活用着眼点

在一个空间中，视线自然投射的地方称为"焦点"。与之相对，设置一些人们希望看到或喜欢看到的物品而将视线有意识地吸引过来的地方则叫做"着眼点"。

也许原本你想在焦点位置装饰一些物件，从而使焦点真正成为视觉的中心，但是有可能焦点位置上却出现了一台无论如何也无法回避的空调。这时，你不妨在眼前或者旁边装扮一些绿意来转移视线。

对于能够看到抽油烟机的厨房，可以通过网状隔窗加以掩饰。这样一来，着眼点就成了网状隔窗，而抽油烟机自然也就淡出了视线。（小川家）

1. 打开正门，正面看见的便是放置拖鞋的柜门。（新地家）

2. 右图将室内护墙板作为着眼点吸引来客的注意。此外，鞋柜门的颜色和墙壁都是统一的白色，消除了突兀感。（新地家）

从室内看　　　　**从室外看**

起初本来计划在这个露台的墙壁上安装水龙头，但是又想做一个手持式的水龙头，百般纠结便成了现在这样。纵向的百叶窗是为了防止从室内往外观看时直接看到水槽。（永岛家）

利用结构上不允许拆除的柱子做成遮掩厨房视线的着眼点，在透明的玻璃上装饰一些小东西，就变成了很好的装饰架。

靠近邻居家的东墙上，在避开视线
的位置设置了两组窗户。上面的一
组用来采光，底下的用来通风。

5. 隐私性和采光效果两不误

回避屋外的视线
也不能牺牲采光

　　城市住宅设计中，必须考虑到在确保采光效果的同时保护隐私性。如果一边生活，一边还能感觉到邻居家或者马路上的眼光注视，心情就会很不好。此时，我建议大家将窗户分为采光和通风两种类型来设计。

　　在靠近邻居家房子的一侧墙上，不安装窗户是不可能的。但是你也可以避开邻家安窗的地方，在他们家窗户上下各安装一个，既可以通风又能采光，这样的设置当然会换来舒适的心情。

1. 日式房间坐高较低，调低窗户的安装会让人感觉安静舒服。墙壁垂下来，所以窗线很低，但仍可以轻松欣赏到庭院。房间和庭院之间的门做成缩小版的，还能够起到景观窗的作用。（片山家）
2. 洗漱间是最需要采光的地方。上下有窗、正面有镜子是对墙壁的合理利用。（片山家）
3. 起初，窗上安装的是普通透明玻璃，但由于邻居家的房屋改建后遮住了光线，所以用花式玻璃来代替。（新地家）

6. 扩大空间视野

客厅的空间并不大，但却整体
通透，客厅地板还和外面的连
廊相通，所以整个空间让人感
到宽敞明亮。（莊家）

露台和客厅融为一体

　　建筑物本身总会存在着各种各样的制约因素，而客厅和餐厅就常常显得空间局促。

　　不过，即使大小有所限制，但通过视觉上的调整也可以演绎出宽敞的空间。方法之一，就是将连接客厅的阳台、露台用高栅栏围建起来。这样一来，阳台就成了室内的延长空间，从而让人感到宽松怡然。此时，阳台和室内地板高度保持一致，再通过在窗户上面构筑直通房顶的垂壁，视线就可以向外极目远眺，使人产生内外相连的感觉。

　　此外，通透一体的客厅和餐厅也可以使空间显得格外宽敞。如果放眼望去蓝天可见，心情又是一番舒爽。

1. 仅有12个榻榻米大小的客厅（附带餐厅功能），通过和露台的连接，即实现了客厅、阳台一体化，这样的空间让人感觉比实际宽大了很多。（片山家）
2. 外部露台的纵深虽然只有2米左右，但百叶窗状的墙体搭建起来的高大空间使得室内外浑然一体、让人顿感宽松自然。（福地家）

精心设计
狭小空间也能温馨舒适

　　如果空间大小有限，那么借助镜子就可以使空间在视觉上得到延伸。这种技巧的使用要点在于镜子的大小要从地板直达房顶。因为镜中的影像和房间里的东西连成一体，所以在感官上会觉得敞亮很多。

　　日式房间中的吊式壁橱下面通常会预留空间（123页下图）。这样，一方面可以扩大地板面积，另一方面在坐下的时候壁橱也不会阻挡视线，从而使空间尺度感大幅提升，产生良好的视觉效果。

1. 在大型壁橱的三扇门中选择一扇门，装上整块镜子。这样既可以使房间看起来宽敞明亮，也可以在梳妆打扮时发挥效果。（中冈家）
2. 门旁安装的大镜子。这种做法可以使泰国风的装饰护墙板看起来大大延长。（新地家）

3. 为了使客厅和里面的房间看起来连成一体，两个房间的木质吊顶要用同样的形式。（新地家）

4. 飘窗在当今的使用已经广泛了。飘窗处的空间还可置放装饰物件。（山田家）

5. 这是打开日式房间的门后正对的壁橱。由于坐下时的视线较低，所以会觉得地板面积很大。（永岛家）

7. 巧用盲区

1

2

不愿外露的物品就要合理归置

在一个空间里，有一种区域的功能和焦点位置正好相反，这种区域在无意中并不会引起人们的注意。因此，我们将这种未能进入人们视野中的空间区域称为"盲区"。

即使对盲区加以修饰也无法使其发挥应有的美化效果，但是相应的，这一区域多少出现些凌乱也无伤大雅。例如宽度只容一个人通行的狭小走廊、家具背后以及门后的墙壁等，都是家里存在的各类盲区。如果对其巧妙利用，那么这些盲区便会成为归置不宜外露物件的绝佳之地。

3

1．将传真机安放在卧室内看不到的地方。（坂本家）

2．位于门廊下且从玄关看不到的收纳空间。（井藤家）

3．在从玄关迈入客厅的死角位置安装电视机。（莊家）

4．将客厅看不到的露台内侧作为晾晒空间。（坂本家）

5．在安装门牌和有线对讲机的屏风墙处设置独立的供水栓。栽植花草树木所需的铲子、清扫用具、洒水器以及洗车用的软管等也都可以放在这里。（玉木家）

4

5

图书在版编目（CIP）数据

不用收拾就整齐：越住越舒适的家居设计秘诀 /
（日）水越美枝子著；范宏涛译 . —北京：化学工业出
版社，2017.3（2023.11重印）
　　ISBN 978-7-122-28931-5

　　Ⅰ. ①不⋯　Ⅱ. ①水⋯　②范⋯　Ⅲ. ①住宅-室内装
饰设计　Ⅳ. ① TU241

中国版本图书馆 CIP 数据核字（2017）第 006863 号

ITSU MADEMO UTSUKUSHIKU KURASU SUMAI NO RULES
© MIEKO MIZUKOSHI 2015
Originally published in Japan in 2015 by X-Knowledge Co., Ltd.
Chinese (in simplified character only) translation rights arranged with
X-Knowledge Co., Ltd.
本书中文简体字版由X-Knowledge Co., Ltd. 授权化学工业出版社独家出版发行。
未经许可，不得以任何方式复制或抄袭本书的任何部分，违者必究。

北京市版权局著作权合同登记号：01-2016-5171

责任编辑：孙梅戈　王　斌　　　　　　　装帧设计：尹琳琳
责任校对：宋　玮

出版发行：化学工业出版社（北京市东城区青年湖南街 13 号　邮政编码 100011）
印　　装：中煤（北京）印务有限公司
710mm×1000mm　1/16　印张 8½　字数 200 千字　2023 年 11 月北京第 1 版第 9 次印刷

购书咨询：010-64518888　　　　　　　售后服务：010-64518899
网　　址：http://www.cip.com.cn
凡购买本书，如有缺损质量问题，本社销售中心负责调换。

定　　价：49.00 元　　　　　　　　　　　　　　版权所有　违者必究